爱上内蒙古恐龙丛书

我心爱的临河爪龙

WO XIN'AI DE LINHEZHUALONG

内蒙古自然博物馆 / 编著

内蒙古人民出版社

图书在版编目(CIP)数据

我心爱的临河爪龙／内蒙古自然博物馆编著. —
呼和浩特：内蒙古人民出版社，2024.1
（爱上内蒙古恐龙丛书）
ISBN 978-7-204-17770-7

Ⅰ. ①我… Ⅱ. ①内… Ⅲ. ①恐龙-青少年读物
Ⅳ. ①Q915.864-49

中国国家版本馆 CIP 数据核字（2023）第 208606 号

我心爱的临河爪龙

作　　者	内蒙古自然博物馆
策划编辑	贾睿茹　王　静
责任编辑	孙　超
责任监印	王丽燕
封面设计	王宇乐
出版发行	内蒙古人民出版社
地　　址	呼和浩特市新城区中山东路 8 号波士名人国际 B 座 5 层
网　　址	http://www.impph.cn
印　　刷	内蒙古爱信达教育印务有限责任公司
开　　本	889mm×1194mm　1/16
印　　张	5.5
字　　数	160 千
版　　次	2024 年 1 月第 1 版
印　　次	2024 年 1 月第 1 次印刷
书　　号	ISBN 978-7-204-17770-7
定　　价	48.00 元

如发现印装质量问题,请与我社联系。联系电话:(0471)3946120

内蒙古恐龙新闻站

NEIMENGGU KONGLONG XINWENZHAN

恐龙快讯

临河爪龙 胳膊虽短，却是"蚂蚁终结者"！

看图文科普，快速解锁恐龙新知识

恐龙世界

观看在线视频，享受视觉盛宴

走近恐龙
揭开不为人知的秘密

恐龙访谈

倾听恐龙的 **心声**

听说恐龙们都很有故事。

没办法，活得久见得多。

请展开讲讲……

恐龙拼图

恐龙的种类上千种

你最喜爱哪一种？

玩拼图游戏
拼出完整的恐龙模样

内蒙古人民出版社 **特约报道**

内蒙古自治区巴彦淖尔市
温度：27℃

前　言

　　数亿年来，地球上出现过许多形形色色的动物，恐龙是其中最令人着迷的类群之一。恐龙最早出现在三叠纪时期，在之后的侏罗纪和白垩纪时期成为地球上的霸主。那时，恐龙几乎占据了每一块大陆，并演化出许多不同的种类。目前世界上已经发现的恐龙有 1000 多种，而尚未被发现的恐龙种类或许远超这个数字。

　　你知道吗？根据中国古动物馆统计，截至 2022 年 4 月，中国已经根据骨骼化石命名了 338 种恐龙，而且这个数字还在继续增长。目前，古生物学家在我国的 26 个省区市发现了恐龙化石，其中，内蒙古仅次于辽宁，是发现恐龙化石种类第二多的省区。

　　内蒙古现有 40 多种恐龙被命名，种类丰富，有很多具有重要的科研价值，如巴彦淖尔龙、独龙、乌尔禾龙和绘龙等。

　　你知道哪只恐龙创造过吉尼斯世界纪录吗？你知道哪只恐龙被称为"沙漠王者"吗？你知道哪只恐龙练就了"一指禅"功法吗？这些问题，在"爱上内蒙古恐龙丛书"中，都能找到答案。

　　"爱上内蒙古恐龙丛书"选取了 12 种有代表性的在内蒙古地区发现的恐龙，即巴彦淖尔龙、中国鸟形龙、临河盗龙、临河爪龙、乌尔禾龙、鄂托克龙、阿拉善龙、鹦鹉嘴龙、巨盗龙、绘龙、独龙和耀龙，详细介绍了这些恐龙的外形特征、发现过程以及家族成员等。每一种恐龙都有一张属于自己的"名片"，还有精美清晰的"证件照"，让呈现在读者面前的恐龙更加鲜活生动。

　　希望通过本丛书的出版，让大家看到内蒙古恐龙，乃至中国恐龙研究的辉煌成就，同时激发读者对自然科学的兴趣。

　　在丛书的编写过程中，我们借鉴了业内专家的研究成果，在此一并致谢！

我心爱的
临河爪龙

我心爱的
临河爪龙

第一章 恐龙驾到

或许你对临河爪龙并不熟悉，但是你一定听说过"一阳指"，而临河爪龙对"一阳指"有着颇深的造诣。它们是迄今为止世界上唯一一种只有一根手指的恐龙，其"一指禅师"的名号响彻整个恐龙王国。

我心爱的
临河爪龙

　　除此之外，临河爪龙的家族也让古生物学家为之神魂颠倒。临河爪龙来自神秘的阿尔瓦雷兹龙家族，它们家族成员的长相怪异。有些成员虽是恐龙身，却长着一张鸟脸，究竟是龙是鸟，有时候连古生物学家都摸不着头脑。如果你也想了解这位"一指禅师"以及它家族的故事，那就随恐龙猎人诺古来一探究竟吧。

温度：27℃

 恐龙

"一指禅"武林学院

阿尔瓦雷兹龙家族为了提升族人的"一指禅"功力，现准备公开教学"一指禅"功夫。

欢迎大家积极参与报名，报名时间截至后天。

Linhenykus monodactylus　　*Lynx lynx*

单指临河爪龙　　诺古

大家好，我是阿尔瓦雷兹龙家族中的单指临河爪龙。

您好，有幸邀请您参加恐龙访谈节目！您听说了吗？恐龙王国最近出了一名窃蛋贼，弄得大家人心惶惶的。

难道不是窃蛋龙吗？

窃蛋龙根本没有偷蛋，古生物学家已经为它们洗去了冤屈，而真正的偷蛋贼却逍遥法外。

?

访谈

恐龙气象局温馨提示：

雷电黄色预警

注意避雨防滑

主持人：诺古　　本期嘉宾：单指临河爪龙

原来是这样，那窃蛋龙还真是冤枉，背负了这么多年的污名。

窃蛋龙

可惜根据《国际动物命名法规》的规定，它们的名字不能再更改了。而我听说真正的偷蛋贼是和您同族的张氏秋扒爪龙……

张氏秋扒爪龙

我们家族都是正义善良的恐龙，大家都潜心钻研"一阳指"，怎么可能会出现这样令家族蒙羞的成员……

 您家族的"一阳指"确实闻名遐迩，但是古生物学家在张氏秋扒爪龙的化石周围发现了不属于它的恐龙蛋化石。

那这个蛋是谁的呢？

 古生物学家推测蛋的主人极有可能就是曾经背负污名的窃蛋龙的蛋，而且是一种体形很大的窃蛋龙。

如果真的是张氏秋扒爪龙，我定会向家族禀报此事。不能因为它的一己私利让整个家族蒙羞。

 您先别着急，事情现在还没有定论，古生物学家也只是根据化石情况认为张氏秋扒爪龙的嫌疑比较大。

手部特写

"一阳指"如果真的让它们用在这种事情上，那可太丢我们阿尔瓦雷兹龙家族的脸面了。

 我们先聊点别的吧。我看您只有一根粗壮的手指，想必这就是传说中的"一阳指"吧？

是的，我练就的"一阳指"是我们家族中最纯粹的。其他成员的"一阳指"并不纯粹，因为它们还长有其他两指的骨架。

这么说来，您是恐龙王国中唯一长有一根手指且手指十分短小的恐龙。

 您可以说得再具体一些吗？

是的，这么多年，我们都在潜心钻研，总算功有所成。

 我们生活的地区比较干旱，食物匮乏，所以古生物学家推测我们的"一阳指"可以用来掘开蚁穴，帮助我们打开"食物之门"。

 那您的"一阳指"是不是和《天龙八部》中的一阳指一样，可以御敌、疗伤呢？

算是有异曲同工之处吧。但我们的"一阳指"比较实用，关乎我们的生活。

觅食

 太不可思议了，您的"一阳指"居然还可以挖洞？

 确实很实用，毕竟民以食为天。那还有其他作用吗？

对呀，所以我们才刻苦钻研。

 古生物学家推测我们的"一阳指"还可以帮助我们挖洞。因为这对我们来说至关重要，关乎着我们的生命安危，所以我们必须营造出一个安全的家园。

 那您平时是怎么练习的呢？

首先要将手指变得粗大，然后还要练习臂力和胸肌。

恐龙访谈

鸟类胸肌

臂力和胸肌？这和"一阳指"有什么关系？

若想要"一阳指"可以发挥完美的挖掘力，就需要强壮有力的前肢以及胸肌的配合。我们的前肢和胸肌就是通过长期挖掘锻炼出来的。

寻物启事

广大恐龙朋友大家好，现在播报一则寻物启事。
有谁捡到临河爪龙的手指请交到恐龙办事中心，必有重谢。
感谢配合！

任何事情都不是一蹴而就，还是得通过不懈的努力才能有收获。那您被敌人追捕的时候就会躲进洞穴吗？

看情况，毕竟我们没有什么其他可以对抗猎食者的武器。躲进洞穴是我们的防御方式之一。

之一？看来您还有其他可以防御猎食者的方式。

那当然，除了躲进洞穴之外，我们还有灵活轻盈的身体和"飞毛腿"。当我们遇到猎食者，"走为上计"就是我们保护自己的最佳方式。

您不说我还没有注意到，您的腿还真的可以称得上是"大长腿"，我想跑起来一定很快吧。

并不是所有的"大长腿"都可以跑得很快，需要拥有像我们这样的腿部特征（小腿长度大于大腿长度）才可以跑得很快。

原来是这样。

沙漠鸟面龙

别看我们的体形较小，我们家族为了躲避猎食者，更好地生存下去，演化出了很多防御方式。

那您快说说，我可太好奇了！

例如沙漠鸟面龙，它们可是"夜行侠"，拥有超凡的夜视能力，而且它们的听力也很厉害。在夜间活动的它们可以避开大部分猎食者。

哈哈，这个办法不错。晚上的时候不仅猎食者比较少，而且还不晒。

我们为了适应环境的变化，演化出了很多生存策略，就像我们逐渐变小的体形。

嗯？一般情况下，恐龙为了获取资源都会越变越大，您的家族为什么会"逆生长"呢？

当时的地球已经"龙满为患"，而肉食性恐龙对食物和资源的竞争十分激烈。我们家族决定转变赛道，改变饮食习惯。

改变可并不是一件容易的事，您的家族是怎么做到的呢？

为了更好地生存以及繁衍后代，暂时的痛苦并不算什么，而且我们也只是选择捕食更小的猎物。

所以体形也不需要那么大喽！

白垩纪昆虫

没错，小而轻盈的体形会在捕食昆虫等小型猎物时更加灵活。

不得不说，还是很佩服您的家族。

其实我们改变食性和当时的环境变化也有关系。

为什么环境会突然改变了呢？

当时的陆地被开花植物占领了，那个时期也就是你们常说的白垩纪陆地革命时期。

难道您还会吃开花植物？

当时的开花植物比较繁盛，也伴随着白蚁、蜜蜂等社会性昆虫逐渐变多。所以可供我们选择的食物范围也变大了。

化石猎人成长笔记

白垩纪陆地革命

在 1.25 亿 ~0.8 亿年前的白垩纪中期至晚期，发生了一次彻底改变陆地生态系统的重大事件，即白垩纪陆地革命。这场革命伴随着被子植物的繁盛，具有社会行为的昆虫和鸟类等开始大规模繁殖，从而创造出了许多新的生态位。

在这样的环境条件下，您家族的食性逐渐趋向于数量较多的昆虫类，这还真是一个明智的选择。

白垩纪昆虫

除此之外，我们家族的早期成员——乌拉特半爪龙可能还会以捕鱼为生。

我记得您之前说，您所生活的地方气候比较干旱，怎么还会有河流或者湖泊呢？

因为乌拉特半爪龙生活在白垩纪早期，当时的乌拉特地区和我们现在看到的是完全不同的。

可是即使它们生活在白垩纪早期，怎么就可以确定它们会吃鱼呢？

因为古生物学家曾在乌拉特半爪龙的粪便化石中发现了它们食性的证据。虽然粪便中的食物已经完全消化，但古生物学家据此推测，它们极有可能是吃鱼的。

我还是没有明白，食物都消化完了，怎么能知道它们吃的就是鱼呢？其他肉类也可以吧？

鱼化石

因为鱼骨头比较容易消化，而且古生物学家还找到了一些它们吃鱼的其他间接性证据。所以回到之前的话题，有鱼就会有水。

好吧，这样说来您还没有感受过温暖湿润的气候。

是啊，白垩纪晚期的巴音满都呼降水量逐渐减少，水域和绿洲都变成了沙漠，所以我们单指临河爪龙开始以蚁类等小型动物为食。

虽然您没有感受过广阔的湖泊，但您体会到了沙漠的浩瀚，这也是另一种体验。

不用安慰我，我还是可以想得通的。所以我们练就了"一阳指"。

在您的家族中，除了您的"一阳指"练得这么登峰造极之外，其他成员怎么样呢？

大家各有千秋，我可以为你详细地介绍一下！

恐龙王国短胳膊第一名

🔍　单指临河爪龙	全部

拉丁文学名： *Linhenykus monodactylus* —

属名含义： 来自临河的爪 —

生活时期： 白垩纪时期（8400万~7500万年前） —

命名时间： 2011年 —

　　2011年，古生物学家在内蒙古巴彦淖尔发现了一只长有"怪手"的恐龙，因为它只有一根手指，这在恐龙王国可是很稀奇的。古生物学家为它取名为单指临河爪龙，它的属名"*Linhenykus*"，取自它的发现地和显著的前肢特征，意为来自临河的爪。种名"*monodactylus*"，意为单一的手指。

我心爱的
临河爪龙

临河爪龙是目前发现胳膊最短的恐龙，它们只有鹦鹉
大小，体重不足 500 克，是一种特化的小型兽脚类恐龙，
属于阿尔瓦雷兹龙家族。

临河爪龙的头骨

大多数阿尔瓦雷兹龙看上去好像只有一根粗粗的手指头，即便再退化，但是它们
还保留了外侧两根小手指作为痕迹器官。但是临河爪龙是它们其中的特例，只有它标
新立异地舍去了外侧两根手指，完全只有一根手指，一门心思钻研"一阳指"。临河
爪龙处于家族演化的前段，但手指却保留了原始性。

单指临河爪龙

临河爪龙的两个小短手远远看上去就像是胸前长出了獠牙。这样的小手能用来做什么呢?

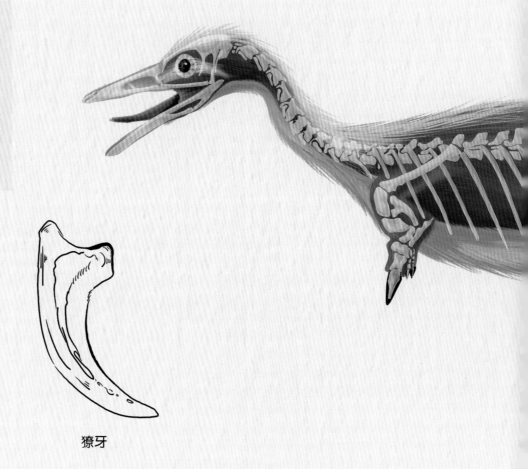

獠牙

临河爪龙可能以蚁类为食,它们粗壮的单爪很适合挖掘蚁类的洞穴,可以用弯钩一样的手指掘开蚁穴,然后用细长的、沾满黏液的舌头伸进蚁穴,将蚂蚁舔进嘴里,享受难得的美餐。

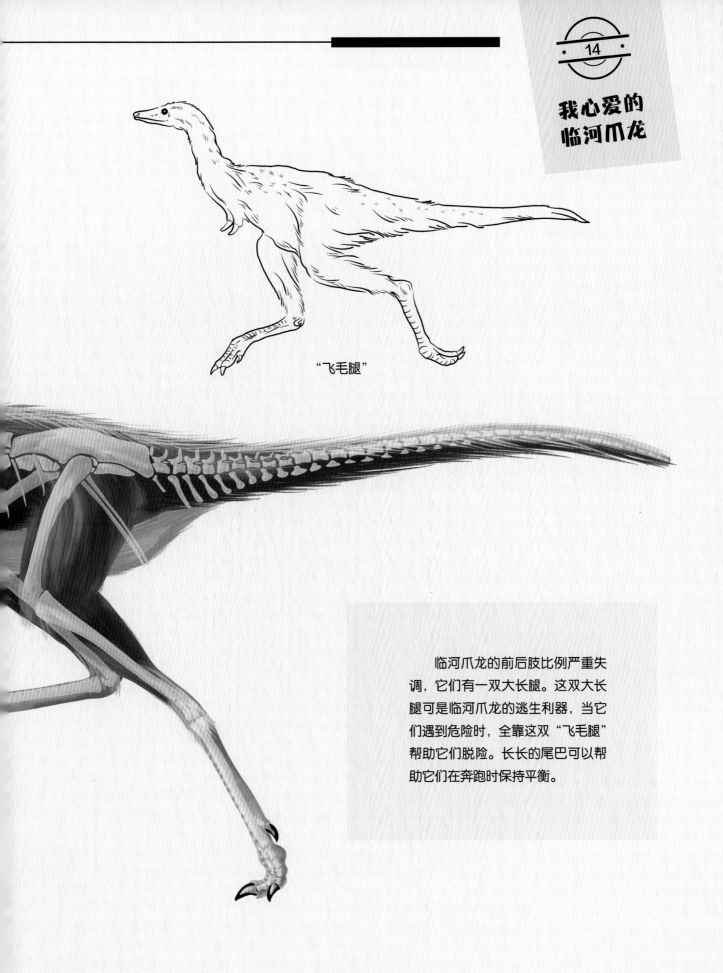

"飞毛腿"

临河爪龙的前后肢比例严重失调，它们有一双大长腿。这双大长腿可是临河爪龙的逃生利器，当它们遇到危险时，全靠这双"飞毛腿"帮助它们脱险。长长的尾巴可以帮助它们在奔跑时保持平衡。

临河爪龙家族树

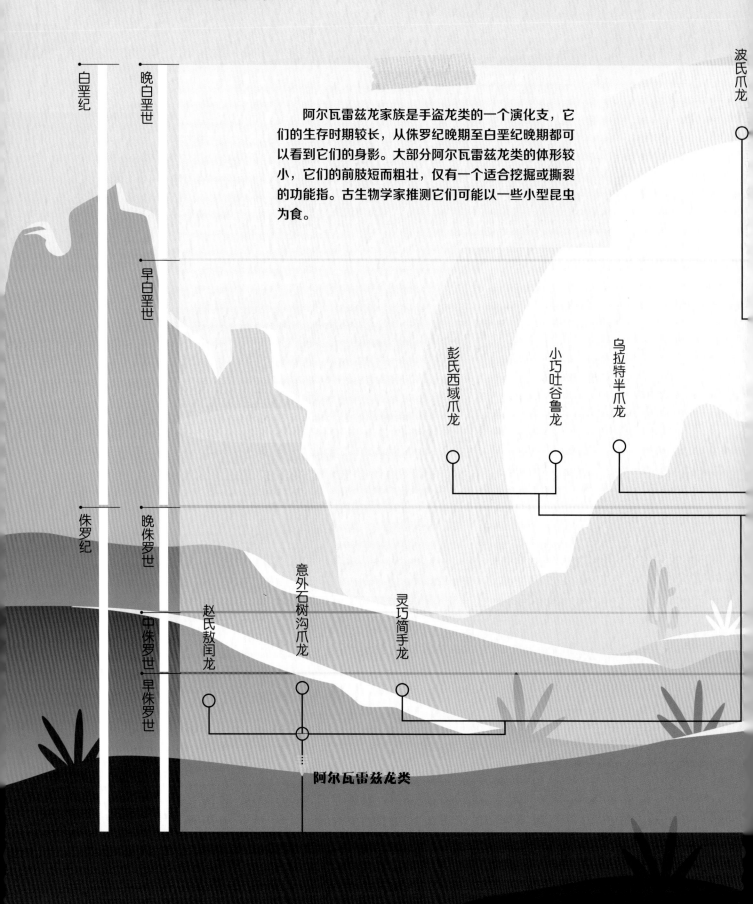

阿尔瓦雷兹龙家族是手盗龙类的一个演化支，它们的生存时期较长，从侏罗纪晚期至白垩纪晚期都可以看到它们的身影。大部分阿尔瓦雷兹龙类的体形较小，它们的前肢短而粗壮，仅有一个适合挖掘或撕裂的功能指。古生物学家推测它们可能以一些小型昆虫为食。

白垩纪
晚白垩世
早白垩世
侏罗纪
晚侏罗世
中侏罗世
早侏罗世

波氏爪龙

彭氏西域爪龙
小巧吐谷鲁龙
乌拉特半爪龙

意外石树沟爪龙
赵氏敖闰龙
灵巧简手龙

阿尔瓦雷兹龙类

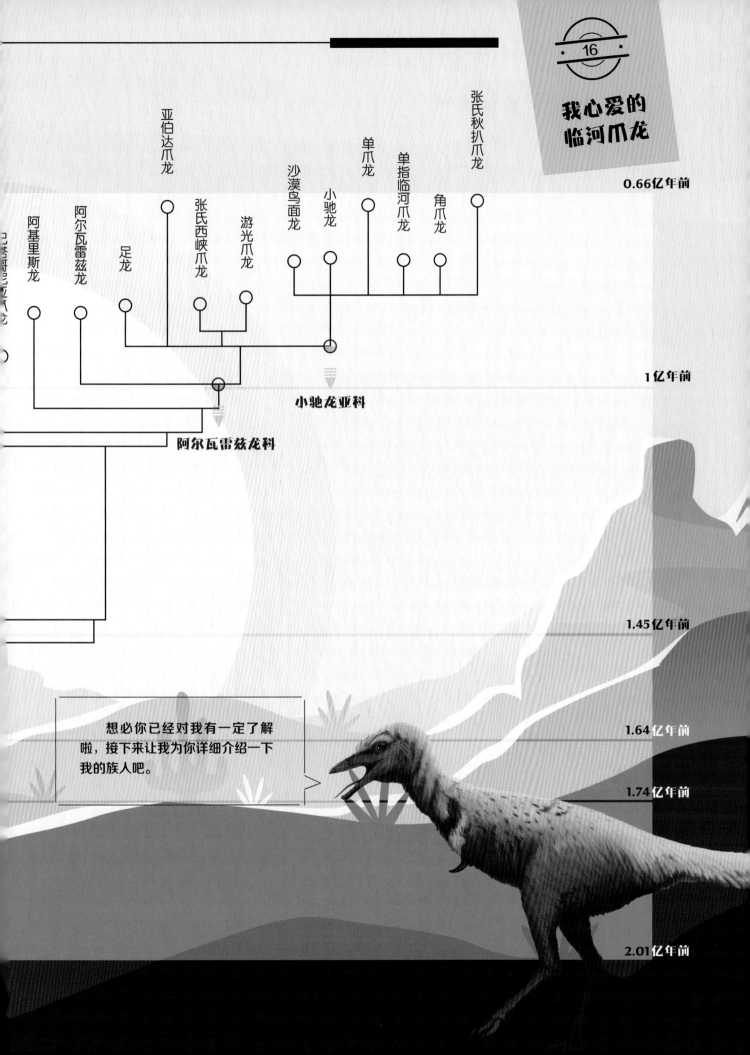

亚伯达爪龙

张氏秋扒爪龙

单爪龙

单指临河爪龙

沙漠鸟面龙

小驰龙

角爪龙

张氏西峡爪龙

游光爪龙

阿基里斯龙

阿尔瓦雷兹龙

足龙

0.66亿年前

1亿年前

小驰龙亚科

阿尔瓦雷兹龙科

1.45亿年前

1.64亿年前

1.74亿年前

2.01亿年前

想必你已经对我有一定了解啦，接下来让我为你详细介绍一下我的族人吧。

第二章 恐龙速递

大约在 2.3 亿年前的三叠纪，一类名叫恐龙的爬
行动物出现了，它们是地球中生代时期的主要居民，
几乎占据了当时的每一片大陆。

我心爱的
临河爪龙

迄今为止，全世界已发现的恐龙有 1000 多种，古生物学家根据恐龙的骨架等特征将恐龙分为诸多家族，如甲龙类、剑龙类和角龙类等。每一个家族又包含许多成员，它们各具特点：有些尾巴长着大尾槌，有些尾巴长着尖刺；有些喜欢吃植物，有些喜欢吃鱼；有些头上长着"长管"，有些头上戴着"头盔"……

终于抓到了真正的窃蛋龙

🔍 | **张氏秋扒爪龙** | 全部

拉丁文学名： *Qiupanykus zhangi* —

属名含义： 来自秋扒镇的爪子 —

生活时期： 白垩纪时期（7100 万～ 6600 万年前） —

化石最早发现时间： 2012 年 —

2012 年，在中国河南省西部的栾川县发现了一些恐龙化石，除了化石本身，古生物学家还一并找到了破碎的恐龙蛋皮化石。2018 年，古生物学家根据化石特征将其命名为张氏秋扒爪龙，属名"*Qiupanykus*"，意为来自秋扒镇的单指前爪，故名秋扒爪龙，种名"*zhangi*"，献给对河南栾川恐龙化石调查、发掘和保护作出巨大贡献的张栓成先生。

秋扒爪龙的脑袋长长的，有一双大眼睛，纤长的嘴巴里没有牙齿。细长的脖子下面是瘦长的身体，身体后面是长长的尾巴。它还有一双大长腿，可以快速逃跑。

古生物学家在研究时注意到了秋扒爪龙旁边的恐龙蛋壳碎片化石，刚开始认为应该属于秋扒爪龙，但经过研究发现这些蛋的重量可达1136克，而秋扒爪龙的重量也才不足500克，足足是秋扒爪龙重量的两倍多。这些蛋可能属于其他大型恐龙。这个发现很可能表明秋扒爪龙会吃其他龙的蛋，它们用爪子敲碎蛋壳，享用美味。如果古生物学家的推测是正确的，那秋扒爪龙以及整个阿尔瓦雷兹龙家族很可能就是真正的窃蛋龙。

窃蛋嫌疑龙

阿尔瓦雷兹龙家族前世今生的桥梁

🔍 彭氏西域爪龙   全部

拉丁文学名: *Xiyunykus pengi*

属名含义: 来自西域的爪子

生活时期: 白垩纪时期(约 1.2 亿年前)

化石最早发现时间: 2005 年

2005 年,古生物学家在中国新疆准噶尔盆地发现了一些恐龙化石,经研究,在 2018 年古生物学家将其命名为彭氏西域爪龙,属名"*Xiyunykus*",意为来自西域的爪子,属于阿尔瓦雷兹龙家族。

彭氏西域爪龙的发现对于阿尔瓦雷兹龙家族来说意义非凡,古生物学家在发现阿尔瓦雷兹龙家族的前辈简手龙和后期成员之后的很长一段时间都没有再发现阿尔瓦雷兹龙家族的其他成员,直到彭氏西域爪龙的出现。

古生物学家不知道这 9000 多万年间发生了什么，使得阿尔瓦雷兹龙家族的手指逐渐丢失，直到彭氏西域爪龙的发现，为古生物学家解开了谜团。

彭氏西域爪龙具有一些典型的晚期阿尔瓦雷兹龙类的特征，比如特化增大的第一指爪和粗壮的上臂骨。但是它们的前肢相对比例更接近原始阿尔瓦雷兹龙类，与晚期阿尔瓦雷兹龙类极短的前肢非常不同。

这样的骨架特征将整个阿尔瓦雷兹龙家族的演化连通起来，前肢的演化花费了将近 5000 万年的时间。古生物学家推测前肢的转变意味着阿尔瓦雷兹龙家族饮食习惯可能由食肉转变为食虫。

我可是阿尔瓦雷兹龙家族的老祖宗

Q | **灵巧简手龙** | 全部

拉丁文学名: *Haplocheirus sollers*

属名含义: 简单的手

生活时期: 侏罗纪时期（约 1.6 亿年前）

化石最早发现时间: 2004 年

2004 年，著名古生物学家徐星在中国新疆准噶尔盆地挖出一些恐龙化石，经过研究，发现这种恐龙具有很大的意义和研究价值。2010 年古生物学家将它命名为灵巧简手龙，确定它来自侏罗纪晚期的阿尔瓦雷兹龙家族。属名"*Haplocheirus*"，意为简单的手，因为简手龙的手部结构比较简单。种名"*sollers*"，意为灵巧，因为简手龙有三根手指，比其他阿尔瓦雷兹龙家族的成员更加灵活。

灵巧简手龙在阿尔瓦雷兹龙家族中的地位可不一般，它的发现，直接将阿尔瓦雷兹龙家族的历史向前推进了 6300 万年，成为已知最古老的手盗龙类恐龙。在此之前，古生物学家对于阿尔瓦雷兹龙家族成员的发现仅局限于较后期的成员，这使得阿尔瓦雷兹龙家族的演化成为一个谜团，令古生物学家百思不解，灵巧简手龙的发现使阿尔瓦雷兹龙家族的谜团逐渐解开。

灵巧简手龙可是阿尔瓦雷兹龙家族的老前辈，它和后期的阿尔瓦雷兹龙家族成员看上去也不太一样，不像晚白垩世的阿尔瓦雷兹龙类那样特化，仅仅具有阿尔瓦雷兹龙类特征的一些雏形。

灵巧简手龙的手部结构更为原始，可能具有一定的抓握能力，可以抓捕猎物。它还是体形较大的阿尔瓦雷兹龙家族成员之一，家族后期的成员体形逐渐变小，灵巧简手龙的发现证明阿尔瓦雷兹龙家族具有体形缩小的演化趋势。

进化到一半的手指

🔍 | **乌拉特半爪龙**   **全部** ▾

拉丁文学名: *Bannykus wulatensis*   —

属名含义: 半个爪子   —

生活时期: 白垩纪时期（约 1.25 亿年前）   —

化石最早发现时间: 2009 年   —

2009 年，古生物学家在中国内蒙古乌拉特后旗发现了一些恐龙化石，经研究，这些恐龙化石属于阿尔瓦雷兹龙家族，2018 年将其命名为乌拉特半爪龙。属名"*Bannykus*"，意为半个爪子，乌拉特半爪龙是阿尔瓦雷兹龙家族爪子演变规律的重要证据。种名"*wulatensis*"，意为乌拉特后旗。

乌拉特半爪龙的发现解答了阿尔瓦雷兹龙家族成员是如何由三指变为一指的。恐龙王国变成小短手的恐龙很多，例如暴龙，而演化为一指的阿尔瓦雷兹龙家族是恐龙王国的特例，这引起古生物学家很大的兴趣，它们到底是如何"弄丢"自己的手指的？乌拉特半爪龙的发现为古生物学家解开了谜题。

乌拉特半爪龙虽然依然保留三根手指，但其中的一指已经特化为巨大的指爪，剩余两指纤细。它们具有高力学效率的前臂结构和粗壮的大胳膊，但是其前肢相对比例还是接近早期的阿尔瓦雷兹龙类。

古生物学家由乌拉特半爪龙和彭氏西域爪龙的前肢演化特征推测，阿尔瓦雷兹龙家族的前肢由最初较长的可抓握的前肢，经过乌拉特半爪龙的特化的前肢阶段，最后演化为高度特化、缩短，长着功能性单指的前肢。乌拉特半爪龙的手部特征将早期原始兽脚类恐龙的前肢特征和晚期阿尔瓦雷兹龙家族的退化前肢联系起来，填补了阿尔瓦雷兹龙家族9000万年的进化空白。

沙漠中的夜行侠

🔍 | **沙漠鸟面龙** 　　　　　　　　　　　　　　　**全部**

拉丁文学名： *Shuvuuia deserti* 　　　　　　　—

属名含义： 鸟 　　　　　　　　　　　　　　—

生活时期： 白垩纪时期（约 7500 万年前） 　—

化石最早发现时间： 1998 年 　　　　　　　—

沙漠鸟面龙发现于蒙古国，属名 *"Shuvuuia"*，意为鸟。虽然是恐龙却被称为鸟，这也说明沙漠鸟面龙长得很像鸟。

沙漠鸟面龙是已知较小的恐龙之一。它们长着像鸟一样轻巧的头部、修长的嘴巴以及小小的牙齿。虽然身材娇小，却长了一双大长腿，脚趾短短的，古生物学家推测它们可以快速奔跑。沙漠鸟面龙来自阿尔瓦雷兹龙家族，具有家族的特化手部特征——"一指禅"，除了明显的粗大手指，古生物学家还发现它们有退化的第二指与第三指，它们可能会用前肢来挖开昆虫的巢穴，用细长的嘴巴来吸食昆虫。

　　古生物学家在沙漠鸟面龙的身上发现了和现生鸟类羽毛中的羽轴相似的空心管状结构。而且通过生物化学的研究显示，其管状结构是由角蛋白构成。角蛋白是羽毛的主要蛋白成分，由此说明，沙漠鸟面龙的身体上长有羽毛。

早期复原图

　　沙漠鸟面龙虽小，但人家可是捕猎小能手，古生物学家发现它们具有非凡的听力和夜视能力，眼睛特别大，眼睛的瞳孔比例是鸟类或恐龙中最大的。这说明沙漠鸟面龙在夜间具有灵敏的视觉，也可能在完全黑暗的环境中捕食猎物。

我还是个恐龙宝宝呢

🔍 | **赵氏敖闰龙**　　　　　　　　　　　　**全部**

拉丁文学名： *Aorun zhaoi*　　　　　–

属名含义： 敖闰　　　　　　　　　　–

生活时期： 侏罗纪时期（约 1.61 亿年前）　–

化石最早发现时间： 2006 年　　　　　–

2006 年，古生物学家在中国新疆的五彩湾发现了一些细小的恐龙化石，经研究，这竟然是一只恐龙宝宝。2013 年，古生物学家为这个恐龙宝宝取名为赵氏敖闰龙，属名 "Aorun"，意为敖闰，取自我国名著《西游记》中西海龙王的名字，种名 "zhaoi"，则是为了纪念作出杰出贡献的古生物学家赵喜进。

赵氏敖闰龙的发现过程具有一定的传奇色彩。起初古生物学家仅在岩石表面发现了一些细小的化石骨头，随着不断挖掘，他们惊喜地发现下面岩体中竟还保存着较完整的头骨和身体其他部分的骨架。

**我心爱的
临河爪龙**

古生物学家研究发现赵氏敖闰龙身长仅有约1米，体重约1.5千克，但是化石小并不能说明它的体形就小，还需要进一步确定它的年龄。他们通过显微镜对骨架组织进行分析，发现这竟然是一只还不足1岁的恐龙宝宝。而且古生物学家还发现了它可能是掉入河中淹死的。

赵氏敖闰龙虽然是个恐龙宝宝，但属于阿尔瓦雷兹龙家族中的老前辈，它们长着狭长的头骨，嘴巴里面有很多锋利的牙齿，古生物学家推测它可能捕食蜥蜴，或是小型哺乳动物和鳄类。

我跑得可是很快的

🔍 | 张氏西峡爪龙   全部 ▸

拉丁文学名： *Xixianykus zhangi*   —

属名含义： 来自西峡的爪子   —

生活时期： 白垩纪时期（约 8300 万年前）   —

命名时间： 2010 年   —

2010 年，古生物学家将在中国河南省西峡县发现的恐龙化石命名为张氏西峡爪龙。属名"*Xixianykus*"，意为来自西峡的爪子，取自恐龙化石的发现地河南西峡。张氏西峡爪龙是体形较小的兽脚类恐龙之一。

骨架

张氏西峡爪龙的身长约 50 厘米，后腿就有 20 厘米长，这双大长腿可不是虚有其表，不仅腿骨很长，脚也很窄，这样的特征一般都具有很强的奔跑能力，古生物学家推测它是一种奔跑能力非常强的恐龙，其超强的奔跑能力或许是因为它们经常在不同蚁穴之间来回穿梭而练就的一身本领。

阿尔瓦雷兹家族秘密的答案

意外石树沟爪龙   全部

拉丁文学名： *Shishugounykus inexpectus*   —

属名含义： 来自石树沟的爪子   —

生活时期： 侏罗纪时期（约 1.6 亿年前）   —

命名时间： 2019 年   —

　　2019 年，古生物学家命名了一位阿尔瓦雷兹龙家族的新成员——意外石树沟爪龙。从名字就能看出，这个家伙给了古生物学家一个巨大惊喜，它的出现对于认识整个阿尔瓦雷兹龙家族有着重要意义。属名"*Shishugounykus*"，意为来自石树沟的爪子。种名"*inexpectus*"，意为意外，石树沟爪龙是这次科考挖掘中的"意外之喜"。

　　意外石树沟爪龙是在灵巧简手龙和赵氏敖闰龙之后，中国新疆石树沟地层中发现的第三种阿尔瓦雷兹龙家族的成员，它们三位家族老前辈一起构成目前已知最早的阿尔瓦雷兹龙类化石在中 – 晚侏罗世的分布，为古生物学家解开了困扰已久的阿尔瓦雷兹龙家族的谜团。

我心爱的
临河爪龙

意外石树沟爪龙虽然与灵巧简手龙出现在同一地层，可是它的化石标本大小却只有灵巧简手龙的三分之一。早期的阿尔瓦雷兹龙家族成员的体长普遍在 2~3 米，而晚期的阿尔瓦雷兹龙家族成员的体长平均都小于 1 米。

古生物学家由此推断阿尔瓦雷兹龙家族在其他家族争相变大的情况下，反其道而行，趋小型化演化，意外石树沟爪龙的发现证明阿尔瓦雷兹龙家族的演化不是简单的小型化发展，而是复杂的、多样化的演化趋势。意外石树沟爪龙的发现也使中国成为阿尔瓦雷兹龙类化石最丰富的国家。

第三章 恐龙猎人

中生代可谓是爬行动物的天下，无论是海洋、天空还是陆地，都有它们的身影。海洋中，有鱼龙类和蛇颈龙类等海生爬行动物；天空中，有翼龙类这种会飞的爬行动物翱翔；陆地上，有被称为"恐怖蜥蜴"的恐龙称霸！

恐龙在地球上统治了 1.6 亿年之久，除陆地之外，它们还涉足天空和海洋。恐龙拥有惊人的适应能力，并随着环境的变化演化出了独特的身体结构，从而使得它们成为中生代时期最繁盛和最具生存优势的脊椎动物。

我心爱的
临河爪龙

虽然目前已经发现和认识了许多恐龙，但还有很多与恐龙相关的内容等待我们进一步发掘，如果你是一名猎奇者并对自然保持好奇，请随我们一起回到恐龙世界，修炼成为一名优秀的恐龙猎人！

"恐龙之最"世界纪录刷新赛

随着古生物学家的不断探索研究，近年来恐龙化石的发现如同雨后春笋，恐龙种类多样性越来越丰富，恐龙样貌也越来越清晰，古生物学家认为以前的"恐龙之最"世界纪录已经过时了，新发现的恐龙可能要打破以往的"恐龙之最"世界纪录，创造新的世界纪录了。

于是，恐龙王国准备要举办一场"恐龙之最"世界纪录刷新赛，并向所有恐龙发出邀请，希望可以征集到新的"恐龙之最"世界纪录创造者。被评为"恐龙之最"世界纪录的恐龙会得到世界纪录的证书和奖品，并公布全国。

"恐龙之最"世界纪录的招募内容主要有两个方面，一方面是在外貌方面有突出特点的，给大家留下深刻印象的恐龙，例如身高最高的恐龙，体长最长的恐龙等。

另一方面是具有特殊才华的恐龙，或在某方面有个性的恐龙，抑或是具有纪念意义的恐龙，参赛范围不限，所有恐龙都可以报名参加。恐龙王国会对所招募的对象进行公平公正的评判，最终挑选出实至名归的"龙选"。

世界纪录
恐龙之最

招募开始后在恐龙王国掀起热议，恐龙们积极报名，都觉得自己是"恐龙之最"，有些认为自己是最美恐龙，有些认为自己是世界上最大的恐龙，甚至有些认为自己是世界最丑恐龙，还有的认为自己是最凶猛的恐龙。

恐龙王国会秉承客观公正的原则，采用科学的、可评估的方式进行筛选。在收到的大量报名来信中，也有不少是恐龙们未完成的心愿，还有几只恐龙共同竞争一个头衔的情况。让我们看看都有谁来信报名了。

亲爱的评委：

我认为我是全世界手最短、手指最少的恐龙，我们家族潜心修炼"一阳指"，终于功有所成。恐龙王国的"小短手"暴龙也是我们的手下败将，它还有两根手指呢。我们可是纯粹的一指，"恐龙之最少手指"世界纪录非我莫属。哈哈哈！

来自：临河爪龙

原来是临河爪龙要评选"恐龙之最少手指"呀，从外貌来看，临河爪龙确实只有一根手指，可是它们家族中看上去只有一指的还有很多，例如沙漠鸟面龙。

沙漠鸟面龙

·························· **古生物学家决定看看它们的手指骨架图，骨架特征才具有真正的说服力。**

古生物学家对比了阿尔瓦雷兹龙家族同样具有一指的成员发现，原来临河爪龙真的是名副其实的一指，而其他阿尔瓦雷兹龙家族成员看起来只有一指的，手部骨架还残留着退化的二指和三指，但是在外面是看不出来的。所以临河爪龙是当之无愧的世界上"手指最少的恐龙"。

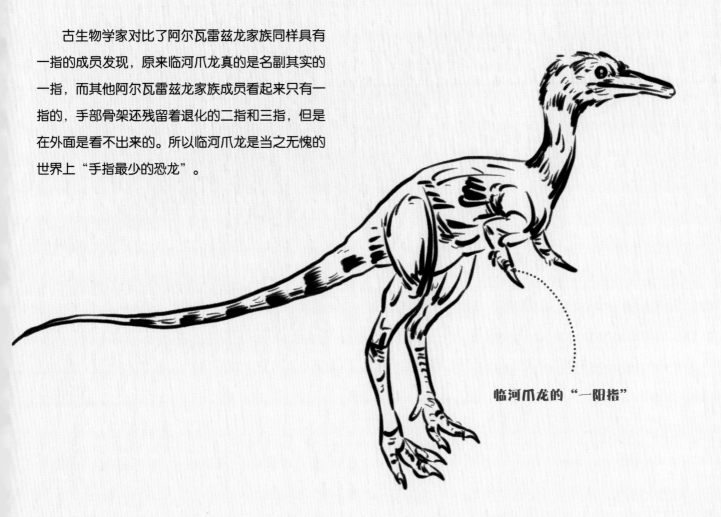

临河爪龙的"一阳指"

在手部特征的申请中，另外一位恐龙也申请了手指的"恐龙之最"，那就是镰刀龙，我们看看它和古生物学家说了什么吧。

亲爱的评委们：

我是"剪刀手爱德华"，我的爪子前端长有锋利的指甲，当我们遇到猎食者的威胁时，我们锋利的"镰刀手"可以将它们秒杀。所以我觉得我的爪子是恐龙王国最锋利的！恐龙王国"最锋利爪子"世界纪录应该属于我。

来自：镰刀龙

镰刀龙的请求让各位评委有点为难，因为在恐龙王国，具有锋利爪子的恐龙不占少数。小有名气的伶盗龙就有着锋利的、像镰刀一样的脚爪，传闻可以给猎物开膛破肚，即使没有这般恐怖，也锋利到可以刺穿猎物的皮肉，达到皮开肉绽的程度。

非要比较镰刀龙和伶盗龙谁的指甲更锋利，是很难实现的。不过评委在对比中发现，镰刀龙的指爪是恐龙王国最长的，可以达到 75 厘米左右，它们的胳膊也能达到 2.5 ~ 3.5 米。

没有任何恐龙的手能长过它们，所以古生物学家决定将恐龙王国"恐龙之手最长"世界纪录颁发给镰刀龙。

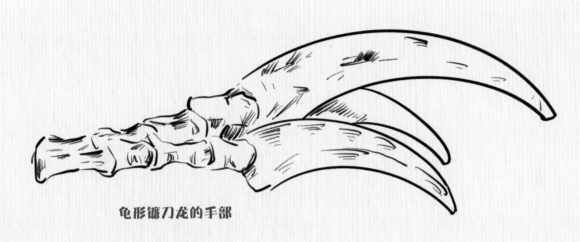

龟形镰刀龙的手部

恐龙王国"手最长恐龙"和"手指最少恐龙"都选出来了，有一位大头恐龙认为自己是"最美恐龙"，它给评委的信中这样写道：

亲爱的评委们：

我认为我是恐龙王国最美的恐龙，因为我有着华丽的头饰，其他恐龙都没有我好看！我们的头饰就像芭蕉扇，前端还有"花边"，而且是角龙家族中头最大的，放眼恐龙王国，除了我，哪有这么好看的大头？所以恐龙王国"最美恐龙"世界纪录应该属于我。

来自：泰坦角龙

评委看到泰坦角龙的来信犯起了愁，因为角龙家族的头饰各有千秋，而且和泰坦角龙的"带花边的芭蕉扇"头饰相似的也有很多，例如犹他角龙的头也是"带花边的芭蕉扇"，还是"爱心状"呢！很难评判谁美谁丑。

犹他角龙

而且美这个形容词偏向主观感受，这样会引起其他恐龙的异议。

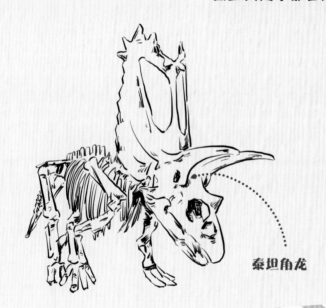

泰坦角龙

评委仔细对比发现，泰坦角龙的头虽然不能说是最美的，却是最大的，它们的头加上颈盾长度超过3米，谁的头都大不过它。恐龙王国的"头最大恐龙"世界纪录非泰坦角龙莫属。

还有一位申请关于头部"恐龙之最"的恐龙，不过这位恐龙申请的理由让人哭笑不得，它在给评委的信中写道：

尊敬的各位评审：

我想申请"最丑恐龙"世界纪录，我可能是恐龙王国最丑的恐龙，因为我的头上有一块大鼓包。大家都嘲笑我长了个大秃顶，还让我当秃顶协会会长。呜呜呜……应该没有人丑过我了……呜呜呜……

来自：厚头龙

可爱的厚头龙先生的来信让评委感到既可怜又好笑，评委当然不会将"最丑恐龙"的称号给它。

厚头龙

评委发现厚头龙头顶的鼓包是它们坚硬的头骨，颅顶骨质厚达25厘米，是恐龙王国头最硬的恐龙。厚头龙家族确实拥有"铁头功"，它们在内斗时会用碰头的方式来一决胜负。恐龙王国"头最硬的恐龙"世界纪录应该给厚头龙。这样大家也不会再嘲笑人家是"大秃顶"了。

竞争头部纪录的恐龙还有两类，不过它们的竞争方向竟完全相反，而且其中一位申请人除了替自己申请，竟然还主动帮别人申请，看看它的申请理由：

亲爱的评审团：

　　"恐龙之最"世界纪录评判除了外貌方面，我觉得个人素质方面也是很新颖的方向。古生物学家认为我们伤齿龙类在恐龙界是智商最高的恐龙，我想您也了解这一点。至于我到底有多聪明我也不好细说。对了，我想大家除了最聪明的恐龙，相对地也想知道最傻的恐龙是谁，以我的了解，我可以向评委团推荐两个最笨恐龙，那就是剑龙和蜥脚龙类的恐龙，不过这只是我个人的愚见。

　　　　　　　　　　　　　　　　　　　　　　　　来自：伤齿龙

古生物学家看到这封信以后，认为伤齿龙说得很有道理，它们确实是恐龙中最聪明的群体。

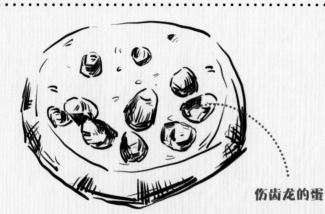

伤齿龙的蛋

除了脑量商比其他恐龙大以外，古生物学家还根据伤齿龙复杂的生活习性发现它们确实很聪明。伤齿龙的蛋壳很薄，容易碎，但它们会将蛋竖着插入土中，而不是将蛋横卧在沙土中。

古生物学家研究发现，横卧的蛋更容易破裂，而竖着插入土中就像我们现在的鸡蛋收纳壳一样，抗破碎性能提升 4~5 倍，而且还能保证卵孵化后幼雏能够破壳而出，古生物学家震惊地发现伤齿龙类的智商可能比人们想象的都要高。它确实是名副其实的"最聪明恐龙"。

至于剑龙和蜥脚龙类，从脑量商来看，剑龙和蜥脚龙类确实是恐龙中相对较低的，但是它们的智力对于它们自己而言已经够用了。恐龙脑部的功能会与它们的生活方式相匹配，它们有属于自己的生存优势和特点，天天忙着咀嚼树叶也不需要太聪明的大脑，所以评委决定将最傻恐龙世界纪录这一评选项目取消，因为用单一劣势来给一只恐龙贴标签是对它们的不尊重和不公平。

咀嚼树叶

我心爱的临河爪龙

蜥脚类恐龙中的一位成员听说要给自己的家族评选"最傻恐龙世界纪录"，难过得哭了起来，它决定要给评审专家写一封信，诉说自己的冤屈：

尊敬的古生物学家：

　　我们蜥脚龙家族冤啊！我们蜥脚类恐龙虽然脑量商小，看起来并不聪明，可我们也是为了适应当时的环境才将自己变得这么巨大。当时的空气中氧气含量稀薄，二氧化碳含量高，这导致植物的营养成分含量低，而且植物们长得很高，我们为了消化这些低营养、高韧性的植物演化出又粗又长的肠道，体形也变得巨大。为了吃到更高的植物，我们的脖子变得越来越长，脖子变长以后，为了使身体保持平衡，我们尾巴也跟着变长，所以我们的身体变得又高又长，最终成为一只巨型恐龙。

　　在我们家族中，有体重最重的汝阳龙，体重达到130吨，它可能也是世界上最重的恐龙；还有脖子最长的中加马门溪龙，它们的脖子可长达17.5米。我们家族是恐龙王国的"巨人族"啊，可以适应环境也是一种智慧呀！

来自：蜥脚类恐龙家族中愤愤不平的一员

古生物学家收到这封信后对比研究发现，这封匿名信所言都是正确的，截至目前，汝阳龙的体重确实"无龙能及"，是恐龙王国名副其实的"最重的恐龙"。

　　中加马门溪龙的脖颈特别长，相当于体长的一半，目前已发现一枚长达1.6米的颈椎化石，所以古生物学家推测其颈部长度可达17.5米。它的脖子是恐龙中最长的，是目前为止已知的"脖子最长的恐龙"。

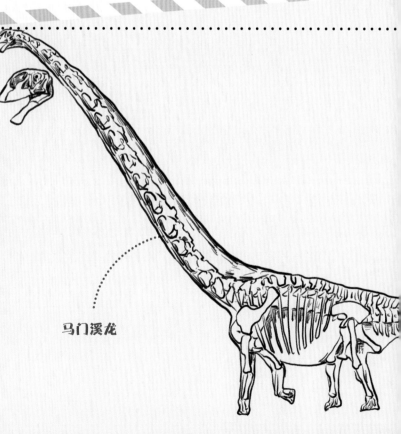

马门溪龙

在恐龙王国"恐龙之最"世界纪录刷新赛中,最长恐龙、最重恐龙的世界纪录已评选完成,那"最小恐龙"会是谁呢?在评委收到的信中,有好几只恐龙同时竞争"最小恐龙"的名号,到底谁才是真正的最小恐龙呢?

我们来看看它们的竞争理由。

竞争者1号的来信

亲爱的评委老师:

我是往届"最小恐龙"世界纪录保持者,大家都说我是世界上最小的恐龙,我只有一只火鸡的大小,体长大概1米,这么小的体形应该没有能小过我的了吧?

来自:美颌龙

竞争者2号的来信

亲爱的评委们:

我觉得我应该是最小的恐龙,因为好多人说我是最小的恐龙,虽然我来自"巨龙族"——蜥脚类恐龙家族,但是我的体长只有35~52厘米哦。

来自:鼠龙宝宝

竞争者3号的来信

尊敬的各位领导:

我是小盗龙,人们都叫我"四翼飞机"。我为了家族的"飞天大计"努力练习,身体也变得又小又轻,我们的体长约50厘米,也许会成为世界最小恐龙。

来自:小盗龙

我心爱的临河爪龙

竞争者4号的来信

尊敬的各位领导：

我是来自阿尔瓦雷兹龙家族的小驰龙，我们家族是恐龙体形小型化演化的成功代表，我们不仅前肢退化，就连身体也小到只有鸡的大小。我们家族后期成员简直就是恐龙王国的"小人族"。我是"小人族"中的小小龙，全长只有约39厘米，重量约为162克，最小恐龙奖应该属于我。

来自：小驰龙

它们都说自己是"最小恐龙"，还都附上了自己的体长，可是最小恐龙的评判只根据体长这一点就可以决定吗？

这让古生物学家很是为难，为了公平公正，古生物学家决定仔细研究一下它们的真实情况。古生物学家如何通过化石来推测史前恐龙的重量和体形呢？

以高精度X光断层扫描（CT）、激光表面扫描和同步辐射扫描为代表的三维成像技术，可以相对可靠地通过骨架推断恐龙肌肉的分布情况，有了这些信息，结合骨架和肌肉的密度，就可以更为精确地计算恐龙的体重了。但就化石本身而言，有时无法准确确认个体的年龄范围，幼年体与成年体的体形和体重都有着巨大差异，所以个体恐龙化石有时无法代表整体平均水平。

鼠龙

鼠龙的体形确实就因为上面的原因出现过误解。鼠龙幼年体化石是当时已发掘体形最小的恐龙化石，一些人误以为这个化石就是鼠龙成年个体，于是认为鼠龙是体形最小的恐龙，随着研究的继续，古生物学家已经确定成年的鼠龙身长可达6米。

美颌龙在几十年前被认为是相对较小的恐龙，它体长约1米，体重0.83~3.5千克。

美颌龙

但随着大量恐龙化石被发现，小盗龙、小驰龙逐渐被认为是比美颌龙更小的恐龙，所以美颌恐早就不是最小恐龙了。

小盗龙与小驰龙从体长上看相差并不是很多，虽然它们的骨骼化石都比较完整，但是我们无法确定它们是属于幼年体、成年体还是老年体，单纯地用体长来评判它们是否为最小恐龙是不够严谨的。

经过慎重考虑，古生物学家决定取消"最小恐龙"这一项的评选。但是这又引起另一位恐龙的不满，它想代表家族评选最小恐龙，它还有一肚子委屈想告诉大家，或许它可以评选为"最冤恐龙"。它在信中这样说道：

敬爱的评审老师：

我是那个饱受冤屈的窃蛋龙，由于一个误解导致我们家族被永远地贴上了盗窃的标签，人家一听我们的名字，就开始怀疑啦！呜呜呜，可这一切都是误会。本来在我们家族中发现了一个恐龙蛋，里面有完整的胚胎，我还心想可以申请一个最小恐龙奖，结果还被取消啦！呜呜呜，那我只能申请"最冤恐龙"世界纪录了，评委们要还我们家族一个公道啊！

来自：**窃蛋龙**

英良贝贝

古生物学家看到这封信也很无奈，因为恐龙的名字一旦确认就不能修改了。不过窃蛋龙家族的胚胎在古生物界确实掀起了一阵热议，因为这个恐龙胚胎展现了恐龙宝宝在蛋中的真实模样，是迄今为止发现的最完整的恐龙胚胎化石，大家还给它起名为"英良贝贝"。

"英良贝贝"的保存状态相当完整，清晰地展现了这个恐龙宝宝存活时的状态。这个恐龙宝宝蜷曲在一个长形的蛋化石中，这样的恐龙胚胎化石是最稀有的恐龙化石。

"英良贝贝"的发现在古生界简直就像中彩票一样，古生物学家都感到非常兴奋，因为大多数恐龙胚胎的骨头易错位，化石保存得并不完整。而"英良贝贝"良好的保存状态可以解答很多关于恐龙生长和繁殖的问题。评委们兴奋地决定要给窃蛋龙家族颁发一个"最完整胚胎"世界纪录证书，来抚平窃蛋龙的委屈。

证书

窃蛋龙家族

世界纪录

"最完整胚胎"

"最完整的胚胎"

2023年度"恐龙之最"世界纪录评选活动落下帷幕，在这次活动中，古生物界秉承科学严谨、公开公正、民主共享的原则，解答了恐龙们的疑问，抚平了恐龙们的委屈，实现了恐龙们的心愿。

这次活动让恐龙王国的面貌焕然一新，开启了古生物界不断探索向前的新篇章。

寻找丢失的手指

你知道现在富饶的河套平原在一亿年前是什么模样吗？你知道在河套平原上生活过什么恐龙吗？

时间回到距今 8000 万年前白垩纪晚期的巴彦淖尔，这里是一片荒无人烟的荒漠，漫漫的黄沙将整个世界变成金黄色，偶尔有几株生命力顽强的绿色植物点缀在这片金黄里。

毒辣的阳光炙烤着大地，动物们顶着炙热的太阳穿梭在沙漠里，寻找着食物与水源。

这时一只临河爪龙正在挖蚂蚁吃，丝毫没有察觉临河盗龙早在远处盯上了它。当它发现时，临河盗龙已经冲到距离它很近的位置了，它拔腿就跑，可已经来不及了，临河盗龙一口将它吞掉了。正在品尝美味的临河爪龙沦为了临河盗龙口中的美味。临河爪龙体形和鹦鹉大小差不多，根本就填不饱临河盗龙的肚子，猎食者都嫌弃它不够塞牙缝呢，可这位被嫌弃的小不点却是古生物学家为之着迷的对象。

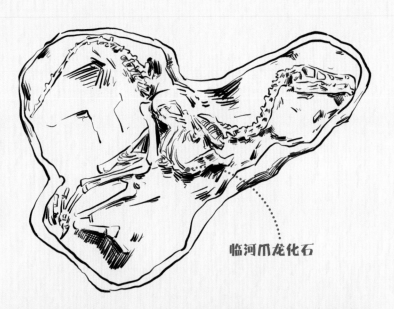

单指临河爪龙来自阿尔瓦雷兹龙家族，古生物学家着迷的原因是它们身上有着太多的秘密和惊喜。除了阿尔瓦雷兹龙家族让人难以捉摸的身世外，最让古生物学家惊喜的莫过于它们的前肢了。

临河爪龙化石

尤其临河爪龙更是一个集"万千宠爱于一身"的特例。

临河爪龙的特别之处在于它是恐龙王国迄今为止发现的唯一一种只有一根手指的恐龙，也是目前发现的胳膊最短的恐龙。它的前肢非常短，爪子却很大，这根指头短而粗壮，似乎直接附着在躯体上，就像从胸部探出两颗獠牙。令古生物学家感到奇怪的是阿尔瓦雷兹龙家族其他成员的前肢与临河爪龙并不相同。

古生物学家早在发现临河爪龙之前就发现了鹰嘴单爪龙，经过研究发现，鹰嘴单爪龙竟然是临河爪龙的后裔。

"一指禅"

那它们的前肢应该都是相同的"一指禅"，可是鹰嘴单爪龙的前肢不同于它们的祖先单指临河爪龙。鹰嘴单爪龙的前肢看上去只是一根巨大的手指，可是实际上并不是那样，短而巨大的手指外侧还有两根小指头，只是非常小，貌似只有一根手指，因此被叫作单爪龙。可它并不是真正的单爪哦，临河爪龙才是真正的单爪，临河爪龙的指爪骨架是真正的一根手指，连侧面退化的两根指头都没有。

　　这令古生物学家百思不得其解，正在一筹莫展之际，古生物学家又发现了临河爪龙的前辈乌拉特半爪龙，这位祖先和临河爪龙的手部特征更是不同，乌拉特半爪龙依然保留三根手指，其中的一指已经特化为巨大的指爪，剩余两指较为纤细。

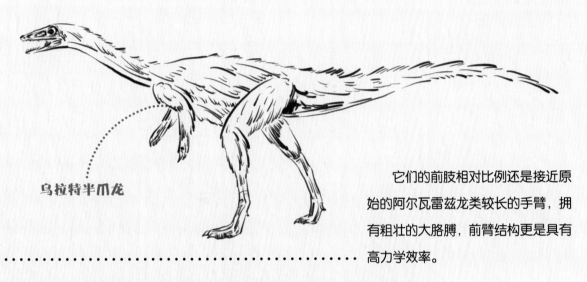

乌拉特半爪龙

它们的前肢相对比例还是接近原始的阿尔瓦雷兹龙类较长的手臂，拥有粗壮的大胳膊，前臂结构更是具有高力学效率。

　　这样看来，单指临河爪龙的祖先和后裔都具有三根手指，而唯独处于中间的临河爪龙却只有一指，临河爪龙倍感委屈，可是它的手指是如何"弄丢"的呢？古生物学家决定帮助临河爪龙找寻丢失的手指。

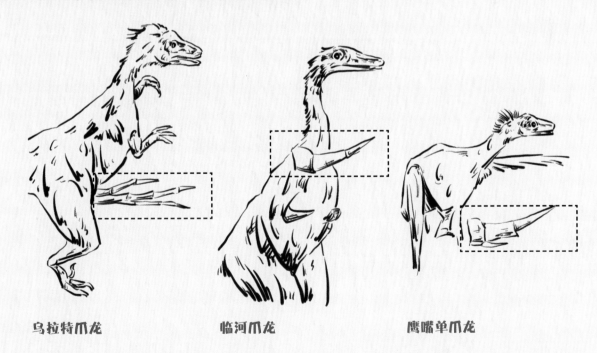

乌拉特爪龙　　　　　临河爪龙　　　　鹰嘴单爪龙

　　或许临河爪龙的祖先乌拉特半爪龙身上有解答手指丢失的答案，为了在弱肉强食的环境中生存下来，恐龙们都在努力适应环境的变化，来寻求更多的生存出路。

临河爪龙也不例外，解开手指丢失的秘密离不开对其生存环境的研究，临河爪龙生活在距今8000万年前的巴音满都呼的浩瀚沙漠里，而它的祖先乌拉特半爪龙生活在相对湿润、水量充沛的地方。

这样完全不同的生活环境，影响着它们的饮食习惯。

古生物学家判断恐龙吃什么的依据有很多，恐龙的牙齿、爪子特性、嘴巴形状以及粪便化石等都可以用来判断恐龙的食性，而最直接、最准确的方式是探究恐龙腹中"最后的晚餐"，但不是所有恐龙化石都有幸能够保存好腹中的食物残渣。

令古生物学家惊喜的是，乌拉特半爪龙的腹中残留了食物残渣，但是这些食物残渣已经被消化掉，变成了还未来得及排出的粪便。

这可怎么办呢？古生物学家可以检测残留粪便化石中的化学元素成分，来确定这是什么食物。通过比对粪便化石和化石周围岩石的化学成分发现，粪便化石中磷和钙的含量远远超过周围岩石的磷和钙的含量，在骨头中磷与钙的含量是相对较高的，所以可以判断出乌拉特半爪龙的腹中"食物"是一种肉类。

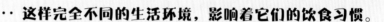

乌拉特半爪龙捕食鱼类

什么样的肉类可以消化得如此彻底呢？古生物学家推测是鱼，因为鱼骨头是很容易被消化的。而且古生物学家还找到了乌拉特半爪龙吃鱼的间接证据——乌拉特半爪龙的祖先灵巧简手龙，它们的头部形状和鳄鱼的头部有点像，特别适合捕鱼，所以乌拉特半爪龙吃鱼的可能性很大。

但古生物学家发现乌拉特半爪龙的后裔临河爪龙并不吃鱼，因为临河爪龙所生活的地区已经沧桑巨变，降雨越来越稀少，气候越来越干燥，曾经的水域变成了浩瀚的沙漠。曾经可以为食的鱼儿也早已不见踪影，食物渐渐贫乏，可怜的临河爪龙无法像祖先们一样捕捉鲜美的鱼了，为了生存下去，它们不得不捕食那些适应沙漠生活的小昆虫和小动物。

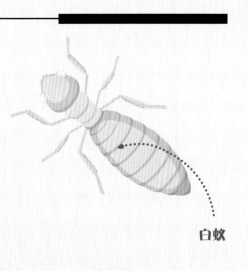

白蚁

于是它们的牙齿变得越来越尖细，体形越来越矮小。古生物学家认为临河爪龙的主要食物是蚁类等小昆虫，蚁类大多生活在洞穴里，临河爪龙为了吃到更多的蚁类，少不了挖掘蚁穴。

推测它们挖掘蚁类洞穴的主要工具可能就是它们的大拇指，这种习性世代沿袭，大拇指逐渐演化得越来越巨大，而其他两指越来越萎缩，最终完全消失。大拇指变大的另外一个因素可能与临河爪龙的生活习性有关，临河爪龙是典型的弱者，它们需要营造一个遮风挡雨的家，来躲避猎食者的追捕，所以它们可能有穴居的习性，它们挖食蚁穴的大拇指同时也是挖掘洞穴的得力工具，这可能是它们演化出巨大手指的另一原因。

蚁穴

另外从临河爪龙的胸骨部位结构看出，它们的胸肌与鸟类一样发达，古生物学家推测这可能是长期进行挖掘工作而练就的。这为临河爪龙挖掘洞穴提供了更多的说服力。

原来临河爪龙的手指是为了适应恶劣的环境而退化掉的，最终变成了纯粹的单指，成为阿尔瓦雷兹龙家族手指退化的特例。

临河爪龙手指演化过程也代表了阿尔瓦雷兹龙家族手指演化的一部分特征，不同的是阿尔瓦雷兹龙家族其他成员的手指并不像临河爪龙那样彻底退化。

宏观来看，整个阿尔瓦雷兹龙家族的手指在几千万年的演化中三指中的外侧两指逐渐萎缩，退化到几乎看不出来。

阿尔瓦雷兹龙类手指的演化大致可以分为三个阶段：

阶段一：是以灵巧简手龙为代表的晚侏罗世的阿尔瓦雷兹龙家族成员，它们具有较长的前肢和适合抓握的灵活手指，三根手指中，中间的指头最长，但最内侧手指最为粗壮。

灵巧简手龙的手指

阶段二：以乌拉特半爪龙等早白垩世的阿尔瓦雷兹龙家族成员为代表，它们的三根手指中最内侧手指逐渐变为最粗壮、最发达的手指，但前肢还是相对较长，手部整体形态处于晚侏罗世阿尔瓦雷兹龙成员和晚白垩世阿尔瓦雷兹龙成员之间。

阶段三：手指形态以晚白垩世的阿尔瓦雷兹龙家族成员为代表，例如在南美洲发现的波氏爪龙和在蒙古国发现的单爪龙，它们的前肢演化极度特化，手指长度缩短，内侧手指最粗壮，外侧手指严重退化，有些甚至消失，这样的前肢形态非常适合挖掘。

沙漠鸟面龙的手指

单指临河爪龙的手指

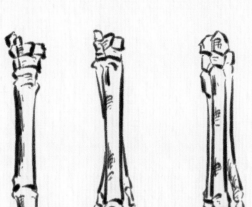

现生马　　中新马　　渐新马　　始祖马

在动物演化过程中，阿尔瓦雷兹龙家族手指变少并不是个例，最著名的例子是美洲马化石序列，它展示了马类从四趾到单趾的演化历程。

大家都知道，现生的马都有一个蹄子，也就是有一根脚趾，可很多人都不知道马的祖先始祖马却有四个脚趾。

为了生存，动物们手指或脚趾的退化往往与某些功能的演化有关，马就是为了适应奔跑，中间的脚趾越来越大，两侧的脚趾逐渐退化，从而慢慢演化为三趾马，最终演化为只有一根脚趾的现代马。这是动物们手指或脚趾退化所遵循的一般规律。

那阿尔瓦雷兹龙家族手指的退化是为了获得哪种功能而改变的呢？

古生物学家推测这可能与它们所生存的环境有着很大的关系。在大约 1.25 亿年前，开花植物逐渐占领地球，这引起了著名的白垩纪陆地革命，开花植物几乎重新塑造了陆地生态系统，这对动物们产生了多大的影响呢？

白垩纪的开花植物

白垩纪陆地革命在整个地球生物演化史上是一个重要的时间节点，在这个时期陆地上生物种类迅速增长，根据研究，在早白垩世，陆上生物和海洋生物的数量大致相当，而经过陆地革命后，现在的陆地生物的种类大概是海洋的 5~10 倍，开花植物大爆发滋养了地球上的其他生物，使得物种变得丰富起来。虽然生物种类变得繁多，但大部分是昆虫、蜥蜴、鸟类等动物。

古生物学家研究发现，现生种类异常丰富的物种如开花植物、甲虫、蝴蝶、蜜蜂、蜘蛛、蜥蜴、哺乳动物等，似乎都是在大约1亿年前的白垩纪陆地革命时期突然爆发出来的。

开花植物的学名叫被子植物，包含了我们所熟悉的很多植物。

被子植物有一套独特的繁殖方式，使得被子植物比其他植物更加具有生存优势，可以更好地适应环境，也比其他植物更容易度过环境危机。

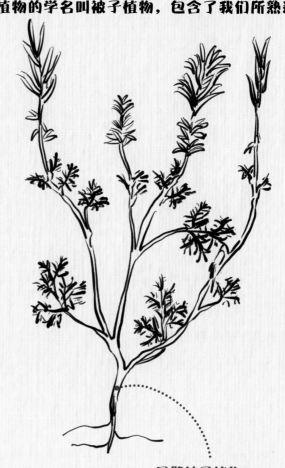

开花植物通过鸟类、蜜蜂、蝴蝶、蛾子等动物的活动传播花粉，为自己"开枝散叶"，同时也为虫子们提供了丰富的食物来源。

早期被子植物

在这样的环境下，大部分恐龙并没有发现被子植物提供的新生机，还保持着以往的饮食习惯。而阿尔瓦雷兹龙家族没有错过这场盛宴。被子植物大爆发这段时间，正巧是乌拉特半爪龙与彭氏西域爪龙生存的时期，它们的前肢已经开始出现变化，相较于侏罗纪时期的阿尔瓦雷兹龙家族成员，它们超长的第二指已经缩短，而之前较短的大拇指却变长了。

古生物学家推测在这时候阿尔瓦雷兹龙家族的食性出现转折，逐渐由肉食转为虫食。

······ **阿尔瓦雷兹龙属于小型兽脚类恐龙，所有吃的都不会放过，有什么吃什么。**

一些早期的阿尔瓦雷兹龙类可能会捕食蜥蜴等小型动物，而经过白垩纪陆地革命的晚期小型阿尔瓦雷兹龙家族成员有点像现生的小食蚁兽，它们主要以蚁类为食。它们可能会用粗壮的前肢挖掘或破坏泥巢等白蚁生活的家园，然后再舐食白蚁。它们嘴巴前侧没有牙齿，这为较长的舌头留下伸出的通道，以便舐食蚁类。

阿尔瓦雷兹龙类的生态复原图

随着捕食习惯的转变，阿尔瓦雷兹龙家族的外貌也发生了巨大变化，手部大拇指逐渐变大，外侧两指逐渐变短变细。除了手指的变化，它们的体形也发生了巨大的变化。

古生物学家发现，阿尔瓦雷兹龙家族体形小型化并不是缓慢发生的，而是在较短时间内变小，这一过程主要发生在距今 1.1 亿年到 8500 万年间的白垩纪陆地革命时期。早期阿尔瓦雷兹龙家族成员的体重为 5~50 千克，属于小型恐龙，体形接近火鸡到小鸵鸟的大小。体形小型化之后，平均体重变为 0.5~5 千克，大部分体形比鸡还小，甚至和鸽子差不多大。

鸵鸟

阿尔瓦雷兹龙家族体形的转变除了与白垩纪陆地革命的影响有关，还有一部分原因可能与高强度的生态竞争有关。

因为在同时间内，阿尔瓦雷兹龙类的不少远亲都在走体形大型化路线，而且其他很多兽脚类恐龙体形也逐渐大型化。

到了白垩纪末期，大型肉食动物的生态位应该已经"人满为患"，食物资源竞争激烈，而阿尔瓦雷兹龙类的"逆生长"使得阿尔瓦雷兹龙家族转换了生态位，竞争相对较小，体形小型化也为阿尔瓦雷兹龙家族赢得了一定的生存空间。

在动物界，像阿尔瓦雷兹龙家族"丢手指"的现象其实极为普遍。有些兽脚类恐龙的手指也从最初的五指逐渐变为三指；有些兽脚类恐龙甚至变成二指，例如暴龙。整个兽脚类恐龙的手指是如何"丢掉"的呢？

恐龙手指的退化是在其发育过程和手指功能相互作用的结果，最初古生物界认为兽脚类恐龙由五指退化所形成的三指是大拇指、食指和中指，消失的是外侧的两指，也就是无名指与小拇指。

······· 但在 2009 年，古生物学家在中国新疆准噶尔盆地的侏罗纪地层中发现了一种奇特的小型兽脚类恐龙——泥潭龙。

泥潭龙有着不同寻常的手部结构，泥潭龙有四根手指，但是其第一指却严重退化，第二指非常发达。

这一发现打破了之前所认为的手指退化规律。徐星等古生物学家通过研究其他各种恐龙手指退化案例，提出了外侧转移假说来解释兽脚类恐龙手指的演化。他们认为恐龙手指最先丢掉的是第一指与第五指，所保留的是中间三指，这与鸟类保留三指相契合，为鸟类源于恐龙提供了有力的证据。

这为我们解开了整个兽脚类恐龙手指丢失之谜，兽脚类恐龙先丢掉了第一指和第五指，剩余三指的变化每个家族各有各的演化方式。

阿尔瓦雷兹龙家族作为手指退化最纯粹的成员，是为了更好地生活而"丢掉"了逐渐没有用途的手指。整个兽脚类恐龙手指退化的普遍现象可能也关乎着恐龙飞向蓝天的远大计划，恐龙王国原来也在遵循"识时务者为俊杰"的生存原则。

泥潭龙

这就是恐龙

　　阿尔瓦雷兹龙家族一直是古生物学家着迷的对象，无论是它们曲折离奇的家族史，还是它们奇怪的手指、与众不同的"逆生长"方式，甚至对它们几经波折的研究历史，都是恐龙里面极其少见的。

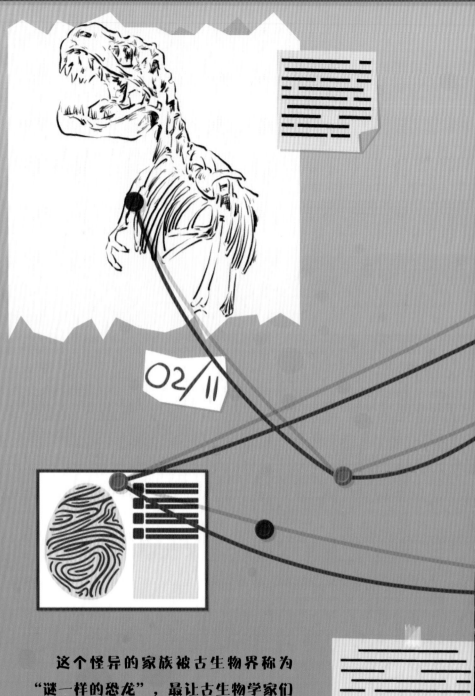

　　这个怪异的家族被古生物界称为"谜一样的恐龙"，最让古生物学家们着迷的是它们的身世。

我心爱的
临河爪龙

阿尔瓦雷兹龙家族在1990年才被确认为恐龙类群，因为它们家族的首次发现与确认是在阿根廷，因此以阿根廷历史学家阿尔瓦雷兹的名字来命名。

　　除了它们的怪手，它们的外貌也很让人迷惑，它们长得很像鸟，甚至有的家族成员身世也差点被弄错。它们究竟是龙还是鸟，引起了古生物学家激烈的争论，后来人们把这场争论称为"龙鸟之争"。

阿尔瓦雷兹龙的家族史相当曲折，可以追溯到 100 年前。虽然这个家族是刚被确认不久的恐龙，但早在 20 世纪，美国的古生物学家就在蒙古高原找到了它们的化石。

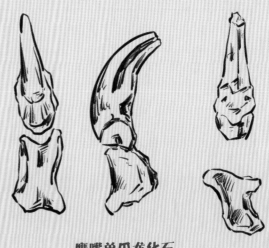

鹰嘴单爪龙化石

·· **这些化石不仅非常小，而且残缺不全。**

也许当时收获太多，重大发现接连不断，令人眼花缭乱。这些不起眼的小化石被带回美国后，并没有引起关注，而是不了了之，一直无人问津。

60多年后，也就是20世纪90年代，另一批美国的古生物学家再次来到蒙古高原，他们发现了一具小型的恐龙化石，它的大小就像火鸡似的，之前从未被发现过。

鹰嘴单爪龙

由于它的形态类似鸟类，所以古生物学家认为他们发现了一种白垩纪时期不会飞的鸟，这让他们感到十分欣喜。由于这个小恐龙的爪子和鹰嘴很相似，所以古生物学家给它起了个名字叫鹰嘴单爪鸟。

让人惊讶的是，其他古生物学家认为这不是白垩纪时期的鸟类，而是恐龙。

这就是著名的"龙鸟之争"。许多著名的古生物学家都参与了该争论，比如美国堪萨斯大学反对"鸟类起源于恐龙"的代表拉里·马丁教授以及美国耶鲁大学支持"鸟类起源于恐龙"的奥斯特罗姆教授等。

为了证明这具化石是鸟类化石，美国的古生物学家提出了一些科学依据来支持这个结论。尽管鹰嘴单爪鸟的前肢太短无法飞行，但它小巧的身体和其他特征更类似于鸟类，甚至比始祖鸟（鸟类的祖先）更像鸟。

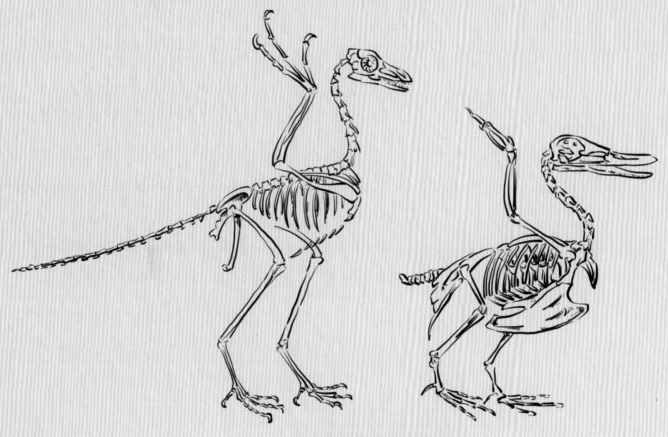

始祖鸟和鸟类的骨架对比

鹰嘴单爪鸟也具有一些非常原始的身体结构，比如长长的尾巴等特征。那么，为什么这只小恐龙引发了如此激烈的争议呢？关键在于它们与鸟类的相似特征。

著名的古生物学家周忠和院士曾质疑过鹰嘴单爪鸟的命名。他在看到鹰嘴单爪鸟的骨骼后认为它实际上是一只恐龙，只是有一些特征使它看起来更像鸟类，比如前肢和胸骨等部位与鸟类非常相似，这可能是一种趋同适应性进化。

·   **也就是说，为了适应某种功能，一些动物会演化得与其他动物非常相似，但它们并不属于该类动物。**

比如，鲸鱼看起来像鱼，但它们不是鱼；蝙蝠和翼龙能像鸟一样飞行，但它们也不是鸟类。因此，古生物学界普遍认为鹰嘴单爪龙是一种高度特化的恐龙，而不是一种无法飞行的原始鸟类。最终，"龙鸟之争"平息了，鹰嘴单爪鸟被给予了新的名称——鹰嘴单爪龙，并被归类到阿尔瓦雷兹龙家族中。

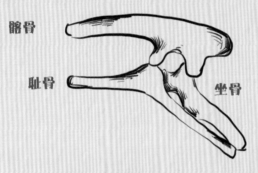

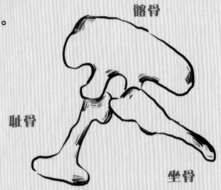

鸟臀目骨盆构造   蜥臀目骨盆构造

动物为了生存和适应环境，会进行趋同演化，那古生物学家面对相似的化石是如何辨认出真正的恐龙呢？不同类别的恐龙化石具有不同的骨架特征，古生物学家根据腰带骨架的特征将恐龙分为鸟臀目恐龙与蜥臀目恐龙，拥有类似鸟类腰带骨的被称为鸟臀目恐龙，而拥有蜥蜴一样腰带骨的则称为蜥臀目恐龙，蜥臀目下又分为蜥脚类恐龙与兽脚类恐龙。

暴龙（兽脚类恐龙）

要知道绝大多数情况下，古生物学家从野外找到的恐龙化石都是支离破碎的骨头，如何从一堆乱七八糟的骨头中还原出一只完整的恐龙，是一项艰巨的任务。

这需要对恐龙的每一块骨架都了如指掌。现在邀请你来做古生物学家的助理，你能帮助古生物学家将下面的骨架拼起来吗？

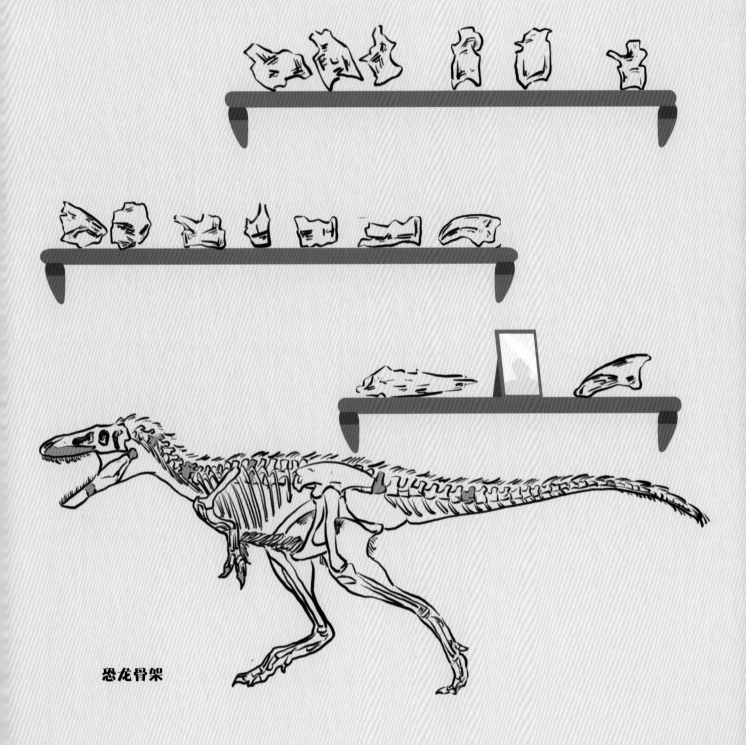

恐龙骨架

你是不是感觉有点困难呀？将一副恐龙骨架拼起来是有一点难度，不过没关系。让我们先来认识一下这些骨架吧。

从整体来看，恐龙和我们人类一样都是脊椎动物，所以都有着相似的骨架分布结构。

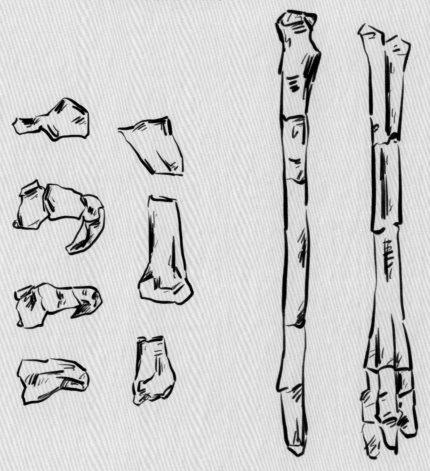

临河爪龙的前肢和后肢骨

恐龙的四肢分别与肩带和腰带相连，这样的身体结构和我们的骨架相类似。

肩带可以理解为连接前肢与身体的骨架，腰带类似于人类腰的部分。如果我们了解人体骨架的话，也有助于了解恐龙的骨架。

恐龙和我们人类一样是脊椎动物，其骨架结构的关键特征是脊柱，脊柱是一条长长的骨架结构，由一节节单独的脊椎骨相连接。

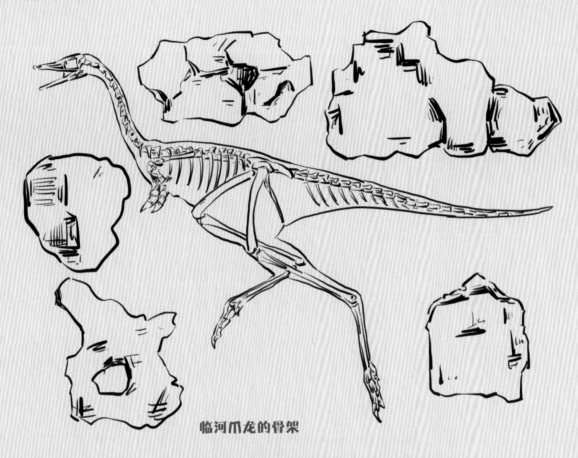

临河爪龙的骨架

在脊柱的最前端连接着头骨，头骨里有大脑。

一系列神经通过特殊的骨架开孔（小孔）从头骨散发出来并将大脑和身体的各个区域连接起来。在脊柱中的脊髓神经组织连接最前端的大脑，沿着脊柱长轴延伸发散出更多的神经，连接全身的神经系统。恐龙的脊椎是恐龙整个身体重要的桥梁，将恐龙的颈椎与尾椎贯穿起来，并将神经系统发散到全身。

**恐龙的头骨与我们人类不同，它们的头骨
结构由许多不同的骨架组成，十分复杂。**

我们人类头骨上唯一可以活动的部位是颌关节，就是我们吃饭时可以让嘴巴上下开合的地方，就是因为颌关节的存在才可以使我们咀嚼和说话。除了颌关节可以活动以外，人类以及其他哺乳动物头骨上的大多数骨头都牢固地连接在一起，不能移动。

　　有的恐龙与我们人类截然不同，它们中有的面部、下颌和吻部的顶部骨架都可以活动，这些骨架在恐龙进食时候会发生移动。

例如禽龙、鸭嘴龙等，这种头骨可以活动的特性称为头骨可移动性，这样的可移动性可以让它们的上颌骨（上巴）左右上下灵活运动，从而可以更好地咀嚼植物。

异特龙

　　恐龙和人类的头骨之间还有一个最大的区别：恐龙头部有很多人类所没有的孔洞。

　　恐龙的嘴巴侧面和头骨后方都有孔洞，恐龙脸颊上开的洞叫眶前孔，眶前孔是恐龙头部孔洞中最明显的，位于吻部的侧面，以及鼻孔和眼睛中间。

　　恐龙每只眼睛的后面还有两个孔，叫颞孔，具有两个颞孔的属于双孔亚纲，而我们人类属于单孔亚纲，每只眼睛后面只有一个孔。在恐龙的双颞孔中，位于头骨侧面的叫侧颞孔；位于头骨上方，形状较圆的叫上颞孔。除了恐龙有双颞孔，在动物界还有鳄类、蜥蜴以及蛇也具有双颞孔。

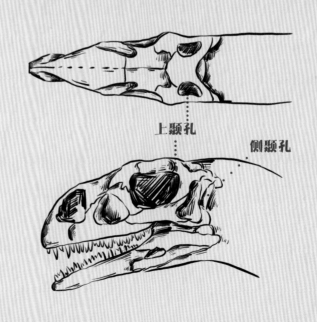

上颞孔

侧颞孔

恐龙头骨上的洞是用来做什么的呢？一些古生物学家认为是为了给脑袋减重的，在肉食性恐龙的演化中，逐渐增大的脑袋对恐龙提出了严格的"减负"要求，所以它们的颞孔越来越大。

还有一些古生物学家认为颞孔还可以为颌部肌肉提供附着点，里面填充着控制颌部开合的肌肉，保证大力咬合时不至于使自己的下巴骨折。但是眶前孔可能并不是颌部肌肉的固着点。最新的研究发现，眶前孔的大部分空间被巨大的气囊所填充，而不是肌肉。

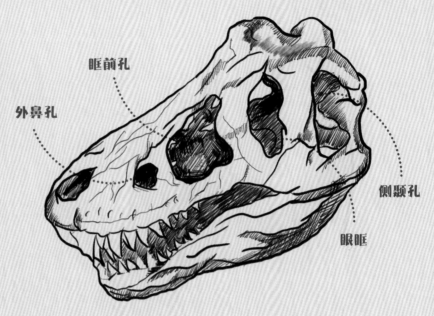

眶前孔

外鼻孔

侧颞孔

眼眶

头骨下面相连接的是恐龙的脖子，脖子由一节节的颈椎骨构成。基本上所有的哺乳动物都有 7 节颈椎骨，连长颈鹿也一样。而一些恐龙长着很长的脖子，其中脖子最长的马门溪龙有 19 节颈椎骨，它们长长的脖子灵活性并不好。

在脖子的下面是恐龙的整个躯体，它们有成对的前肢和后肢，分别位于身体两侧。 ·······

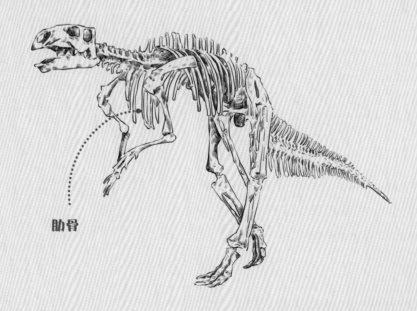

恐龙的整个胸腔约由 13 对又大又弯曲的肋骨组成，恐龙的肋骨是可移动的，每根肋骨最前端有两个分叉来连接肌肉，可以被附在上面的肌肉所牵引移动。连接后肢的部分叫腰带，腰带相当于我们的腰部，负责将恐龙的腿"安装"在身体上。

肋骨

恐龙的后肢和人类的腿很像，分为大腿骨和小腿骨，大腿骨叫股骨，小腿骨叫胫骨。恐龙的腿部结构决定恐龙是否能够成为一名奔跑健将。

奔跑中的鸭嘴龙类

股骨

胫骨

我们也可以通过观察恐龙的腿部特征来判断恐龙的奔跑能力。

一般而言，胫骨比股骨长的动物更加善于奔跑，例如临河爪龙，它的小腿骨明显比大腿骨长许多。当然，肢体比例只是判断的一部分依据，古生物学家还会结合肢体类型、肌肉情况来对动物的速度进行科学的评估。不过和人类不同的是恐龙并没有膝盖骨（就目前所知），而且它们是趾行动物，也就是说恐龙会踮起脚用脚趾走路。

在恐龙的四肢上也有相应的指骨与趾骨，你一定也嘲笑过暴龙的小短手吧，还有苦心修炼"一指禅"的临河爪龙。在手指骨的进化中，兽脚类家族的指骨整体呈减少趋势，如三叠纪中晚期的埃雷拉龙拥有五根手指，侏罗纪晚期的角鼻龙前肢有四根手骨，在白垩世的南方巨兽龙前肢有三根手指，白垩纪晚期的暴龙有两根手指，那么只有一指的临河爪龙是不是拥有进化程度最高的手指呢？

并不是哦！恰恰相反，临河爪龙是阿尔瓦雷兹龙这一分支中比较原始的成员。这也充分说明恐龙手指的演化并不是线性的、单一的过程，而是错综复杂的。

临河爪龙的一指

最后就是恐龙的尾巴啦，尾巴由一节节的尾椎骨
相连而成，可以用来掌控方向，保持平衡。有些恐龙
的尾椎硬得就像一根木棍，例如奥氏伶盗龙。

奥氏伶盗龙

有些恐龙的尾巴是一种灵活武器，例如剑龙。它们的尾
椎连接灵活，使它们的尾巴可以左右摇摆，用来防御天敌的
攻击。

剑龙灵活的尾巴

恐龙全身的骨架基本就介绍完了，我想这样你就可以拼起来刚才的化石拼图了，就让
我们开始修复恐龙化石吧。

第四章　追寻恐龙

提起恐龙，许多人脱口而出的可能是暴龙、三角龙、梁龙和腕龙，但这些都是生活在史前北美洲的恐龙，如果你是恐龙迷，你能说出几种曾生活在我国地域上的恐龙吗？或者你知道世界上发现恐龙化石数量最多的国家是哪个吗？

**我心爱的
临河爪龙**

　　截至 2022 年 4 月，我国已经研究命名了 338 种恐龙，并且每年还有 10 个左右的新种类增长。目前，古生物学家在全国的 22 个省级行政区都发现了恐龙化石，其中，辽宁、内蒙古和四川地区埋藏了丰富的恐龙化石，是名副其实的"恐龙大户"。

阿尔瓦雷兹龙家族来报到

我是单指临河爪龙，我的化石发现于内蒙古自治区巴彦淖尔市。

我是张氏秋扒爪龙，我的化石发现于河南省洛阳市。

我是彭氏西域爪龙，我的化石发现于新疆维吾尔自治区准噶尔盆地。

我是灵巧简手龙，我的化石发现于新疆维吾尔自治区准噶尔盆地。

**我心爱的
临河爪龙**

我是乌拉特半爪龙，我的
化石发现于内蒙古自治区
巴彦淖尔市。

我是沙漠鸟面龙，我的化石
发现于蒙古国。

我是赵氏敖闰龙，我的化
石发现于新疆维吾尔自治
区准噶尔盆地。

我是张氏西峡爪龙，我的化石发现于河
南省南阳市。

我是意外石树沟爪龙，我的化石
发现于新疆维吾尔自治区准噶尔
盆地。